Praveen Kumar Yadaw
Shailesh Deshmukh

Algoritmos e métodos computacionais

Praveen Kumar Yadaw
Shailesh Deshmukh

Algoritmos e métodos computacionais

Algoritmo Swift CORDIC para a aplicação da transformação discreta do cosseno

ScienciaScripts

Imprint
Any brand names and product names mentioned in this book are subject to trademark, brand or patent protection and are trademarks or registered trademarks of their respective holders. The use of brand names, product names, common names, trade names, product descriptions etc. even without a particular marking in this work is in no way to be construed to mean that such names may be regarded as unrestricted in respect of trademark and brand protection legislation and could thus be used by anyone.

Cover image: www.ingimage.com

This book is a translation from the original published under ISBN 978-620-7-99818-0.

Publisher:
Sciencia Scripts
is a trademark of
Dodo Books Indian Ocean Ltd. and OmniScriptum S.R.L publishing group

120 High Road, East Finchley, London, N2 9ED, United Kingdom
Str. Armeneasca 28/1, office 1, Chisinau MD-2012, Republic of Moldova, Europe
Printed at: see last page
ISBN: 978-620-8-03871-7

ÍNDICE

Capítulo 1 3

Capítulo 2 8

Capítulo 3 10

Capítulo 4 22

Capítulo 5 24

Capítulo 6 26

Capítulo 7 28

Capítulo 8 32

Capítulo 9 35

Capítulo 10 45

Referências 61

Algoritmo Swift CORDIC para a aplicação da transformação discreta do cosseno

RESUMO:

CORDIC, também conhecido como método dígito a dígito e algoritmo de Volder. Trata-se de um computador digital para fins especiais destinado à computação aérea em tempo real. Neste caso, é utilizada uma técnica de computação única, especialmente adequada para resolver as relações trigonométricas envolvidas na rotação de coordenadas planas e na conversão de coordenadas rectangulares em coordenadas polares. Com a tecnologia atual e as limitações em termos de potência, frequência de funcionamento e consumo de energia, se gerarmos quaisquer funções trigonométricas utilizando multiplicadores, somadores e divisores, estas arquitecturas consomem mais hardware e o tempo de computação aumenta. Para reduzir este problema, o algoritmo CORDIC é convertido em hardware, conhecido como processador CORDIC. Este processador reduz o problema da divisão e da multiplicação. No processador CORDIC, podemos calcular as funções utilizando um deslocador, um somador e um substractor. Na era atual, o algoritmo CORDIC é utilizado em muitas aplicações, como multimédia, **aplicações de processamento digital de sinais, como filtros suaves, DCT e FFT, etc.** O primeiro algoritmo CORDIC foi convertido em hardware, pelo que enfrentou alguns problemas como o fator de escala, o consumo de tempo, etc.

Índice-chave: SPAA, DCT, ASIC, FPGA, HDL, Algoritmo, Arquitetura.

Capítulo 1
Introdução

1 INTRODUÇÃO

O panorama do processamento digital de sinais há muito que é dominado pelos microprocessadores com melhorias como instruções de multiplicação-acumulação de ciclo único e modos de endereçamento especiais. Embora estes processadores sejam de baixo custo e ofereçam uma flexibilidade extrema, muitas vezes não são suficientemente rápidos para tarefas de DSP verdadeiramente exigentes. O advento dos computadores de lógica reconfigurável permite velocidades mais elevadas de soluções de hardware dedicadas a custos que são competitivos com a abordagem tradicional de software. Infelizmente, os algoritmos optimizados para estes sistemas baseados em microprocessadores não se adaptam bem ao hardware. Embora existam frequentemente soluções eficientes em termos de hardware, o domínio dos sistemas de software tem mantido estas soluções fora da ribalta. Entre estes algoritmos eficientes em termos de hardware encontra-se uma classe de soluções iterativas para funções trigonométricas e outras funções transcendentais que utilizam apenas deslocações e adições. As funções trigonométricas baseiam-se em rotações de vectores, enquanto outras funções, como a raiz quadrada, são implementadas utilizando uma expressão incremental da função desejada. O algoritmo trigonométrico é designado por CORDIC, um acrónimo de Coordinate Rotation Digital Computer (computador digital de rotação de coordenadas). As funções incrementais são executadas com uma extensão muito simples da arquitetura do hardware e, embora não sejam CORDIC no sentido estrito, são frequentemente incluídas devido à sua grande semelhança. Os algoritmos CORDIC produzem geralmente um bit adicional de precisão por cada iteração.

CORDIC (Coordinate Rotation Digital Computer), também conhecido como método dígito a dígito e algoritmo de Volder. Trata-se de um computador digital para fins especiais destinado à computação aérea em tempo real. Neste computador, é utilizada uma técnica de cálculo única, especialmente adequada para resolver as relações trigonométricas envolvidas na rotação de coordenadas planas e na conversão de coordenadas rectangulares em coordenadas polares.

O algoritmo CORDIC é igualmente aplicável à raiz quadrada, à função logarítmica, à função exponencial e ao computador digital. Na unidade de cálculo, as funções trigonométricas são muito importantes; atualmente, muitas funções matemáticas requerem seno, cosseno, tangente, etc., e a utilização deste algoritmo facilita o cálculo. Com a tecnologia atual e as limitações em termos de potência, frequência de funcionamento e consumo de energia, se gerarmos funções trigonométricas utilizando multiplicadores, somadores e divisores, essas arquitecturas consomem mais hardware e o tempo de cálculo aumenta. Para reduzir este problema, o algoritmo CORDIC é convertido em hardware, conhecido como processador CORDIC. Este processador reduz o problema da divisão e da multiplicação.

No processador CORDIC, podemos calcular as funções utilizando um deslocador, um somador e um substractor. Na era atual, o algoritmo CORDIC é utilizado em muitas aplicações, como multimédia e processamento digital de sinais. O primeiro algoritmo CORDIC [1] foi convertido em hardware, pelo que enfrentou alguns problemas como o fator de escala, o consumo de tempo, etc. No algoritmo CORDIC foram efectuadas muitas modificações, mas continua a enfrentar muitos problemas, pelo que, para o futuro, este processador CORDIC necessita de muitas modificações.

1.1 Aplicações:

Os algoritmos trigonométricos CORDIC foram originalmente desenvolvidos como uma solução digital para problemas de navegação em tempo real. O algoritmo CORDIC foi introduzido em diversas aplicações, incluindo o coprocessador matemático 8087, a calculadora HP-35, os processadores de sinais de radar e a robótica. A rotação CORDIC foi também proposta para o cálculo de Fourier discreto[4], cosseno discreto[4], decomposição do valor singular[5] e resolução de sistemas lineares[1].O CORDIC utiliza operações simples de shift-add para várias tarefas de computação, como o cálculo de funções trigonométricas, hiperbólicas e logarítmicas, multiplicações reais e complexas, divisão, cálculo da raiz quadrada, solução de sistemas lineares, estimativa de valores próprios, decomposição do valor singular, factorização QR e muitas outras. Como consequência, o CORDIC tem sido utilizado para aplicações em diversas áreas, tais como:

1. **Processamento de sinais e imagens[20]**
2. **Comunicação e tecnologia sem fios [21]**
3. **Robótica e gráficos 3D**
4. **Aplicação aeroespacial.**
5. **Transformada discreta de cosseno (unidade de compressão de imagem).**
6. **Diferentes filtros DSP e DIP.**
7. **Segurança das redes [22]**

8. **Biométrico [23]**

9. **Sistema de controlo baseado na lógica difusa [24]**

10. **Aplicações multimédia**

Se estivermos a falar do funcionamento do algoritmo CORDIC nestas aplicações, então é o seguinte:

1.1.1 Processamento de sinais e imagens: Os dados de imagem que são processados para comunicação são principalmente submetidos a algumas normas de compressão de processamento de imagem digital (DIP), como JPEG (Joint Photographic Expert Group), MPEG-x (Motion Picture Expert Group),... que começa a ser uma componente importante no mundo atual centrado nos dados. O processamento de imagem e vídeo é efectuado principalmente pela unidade de processamento, conhecida como unidade de compressão. A unidade de compressão distingue-se em dois tipos: Sem perdas: Neste caso, os pixéis da imagem não são comprimidos ou comprometidos. Com perdas: Com a ajuda de algumas transformações, consegue-se uma compressão máxima. Aqui, **a DCT** é uma aplicação que necessita de um sinal de cosseno, pelo que podemos aplicar o algoritmo CORDIC a essa aplicação. **A DWT** é uma aplicação que necessita de um sinal **cosseno**.

1.1.2 Transformada discreta do cosseno (unidade de compressão de imagem): Tal como outras transformadas, a transformada discreta do cosseno (DCT) tenta descorrelacionar os dados da imagem. Após a descorrelação, cada coeficiente da transformada pode ser codificado de forma independente sem perder a eficiência da compressão. Esta secção descreve a DCT e algumas das suas propriedades importantes. Utilizando o algoritmo CORDIC, encontramos a transformação.

1.1.3 Aplicação multimédia

Na era atual, a multimédia tornou-se parte integrante de todas as comunicações e contém dados como mensagens, imagens, vídeos, como fonte de informação. Esta informação constitui um grande fluxo de dados na rede, afectando assim a largura de banda do canal e exigindo mais energia aos dispositivos portáteis. Isto limita a facilidade de utilização das aplicações multimédia, mas, na realidade, a maior parte das aplicações lida principalmente com dados de imagem e vídeo, porque os seres humanos são mais atraídos pelos dados visuais (imagem/vídeo). O algoritmo CORDIC desempenha um papel muito importante nestas aplicações.

1.1.4 Aplicação aeroespacial: Esta aplicação necessita do algoritmo CORDIC, uma vez que nesta aplicação temos de encontrar o movimento do espaço aéreo, o que é possível através do cálculo de algumas funções trigonométricas.

1.1.5 Sistema de comunicação: Este sistema também necessita do algoritmo CORDIC porque nesta aplicação temos de calcular várias funções trigonométricas que são utilizadas na transformação da rede 3G e $g

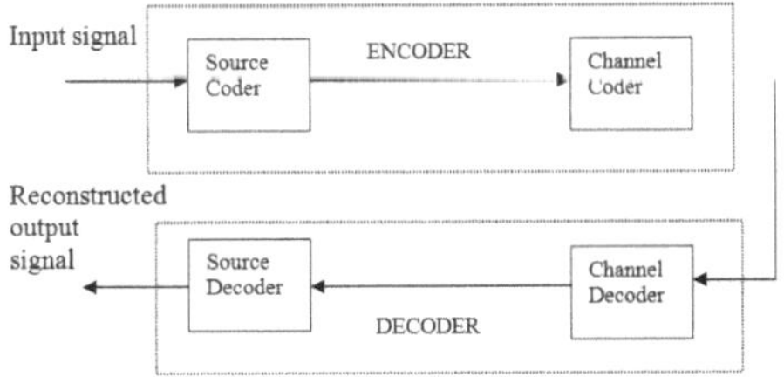

Fig. 1.1.1 Sistema de comunicação

Este documento está dividido em cinco secções: a segunda é a revisão da literatura, a terceira são as questões de investigação anteriores, a quarta é o âmbito futuro do algoritmo CORDIC e a última é a conclusão, que encerra todo o documento.

Capítulo 2
Motivação

2 MOTIVAÇÃO

Como sabemos, na era atual, todas as aplicações multimédia e aeroespaciais requerem uma unidade de processamento rápido. Também sabemos que, se um sistema for completamente baseado num processador de uso geral, a eficiência do sistema completo será reduzida. Para a especificação da aplicação, é necessário um processador específico para a aplicação. Assim, no caso da aplicação aeroespacial e multimédia, que se baseia na função trigonométrica. Assim, para este tipo de aplicação, é necessário um processo específico, conhecido como processador Cordic.

Capítulo 3
Revisão da literatura

3 REVISÃO DA LITERATURA

JACK E. (1959): O primeiro algoritmo CORDIC foi desenvolvido em 1959, no qual o autor propôs uma solução para a função trigonométrica e a rotação, mas esta abordagem enfrenta muitos problemas, como a necessidade de hardware pesado, o termo constante e o fator de escala são também um grande problema [1].

WALTHER (1971): Uma outra nova abordagem é desenvolvida [2], neste artigo o autor discute algumas novas facções como log, exponencial e raiz quadrada, mas esta abordagem também enfrenta os mesmos problemas principais: fator de escala, hardware de grande dimensão, termo constante.

Shen 2011: O gerador de função seno/cosseno baseia-se na paralelização do algoritmo CORDIC original, prevendo todas as direcções de rotação diretamente a partir dos bits binários do ângulo de entrada inicial. Ao contrário das abordagens anteriores que requerem circuitos complicados ou um aumento exponencial de ROM, a nossa arquitetura proposta tem um esquema de previsão relativamente simples através de uma recodificação eficiente do ângulo. O atraso do caminho crítico também é reduzido utilizando as direcções de rotação previstas para conceber uma estrutura eficiente de adição multioperando com carry-save.

Takagi 1991: O autor propõe dois novos métodos CORDIC redundantes com um fator de escala constante para o cálculo do seno e do cosseno, designados por método da dupla rotação e método da rotação corretora. Em ambos os métodos, o CORDIC é acelerado pela utilização de uma representação redundante de números binários, tal como no CQRDIC redundante proposto anteriormente. Nos nossos métodos, uma vez que o número de rotações-extensões efectuadas para cada ângulo é uma constante, o fator de escala é uma constante independente do operando. Assim, não precisamos de calcular o fator de escala durante o cálculo e podemos criar um gerador de senos e cossenos mais eficiente do que o baseado no anterior CORDIC redundante.

Maharatana: Neste artigo, é proposta uma arquitetura de matriz assíncrona para a Transformada de Hough (HT) em linha reta, utilizando uma unidade CORDIC (Co-Ordinate Rotation Digital Computer) modificada sem escala como elemento de processamento básico (PE).

Yu Hen 1990: Neste artigo, apresentamos uma implementação nova e eficiente do solucionador de sistemas próprios Toeplitz utilizando um processador VLSI CORDIC duplamente canalizado. Em primeiro lugar, propomos um esquema de recodificação de ângulos CORDIC para trás que é capaz de reduzir o número de iterações CORDIC internas em pelo menos 50%. Mostramos como aplicar este novo esquema a uma família de algoritmos feed-forward para resolver sistemas lineares gerais, especialmente os sistemas Toeplitz. Isto leva à implementação de um solucionador de sistemas de Teoplitz com processadores de matriz baseados em CORDIC.

Cheng 2001: O algoritmo CORDIC é um método iterativo bem conhecido para o cálculo da rotação de vectores. No entanto, a principal desvantagem é a sua velocidade de cálculo relativamente lenta. Para aplicações que requerem apenas rotação para a frente (ou rotação de vectores), propomos um novo esquema, o algoritmo CORDIC de rotação de vectores modificado (MVR-CORDIC), para melhorar o desempenho da velocidade do algoritmo CORDIC. A ideia básica do esquema proposto é reduzir diretamente o número de iterações, mantendo o desempenho SQNR.

Cheng 2003: Neste artigo, aplicamos o conceito da técnica AR para alargar o conjunto de ângulos elementares na fase de microrrotação. Esta técnica é designada por esquema de conjunto de ângulos elementares alargado (EEAS). O esquema EEAS proposto proporciona uma forma mais flexível de decompor o ângulo de rotação alvo na operação CORDIC, e o seu desempenho em termos de erro de quantização é melhor do que a técnica AR.

Yu Hen 1993: O CORDIC (Coordinate Rotation DIgital Computer) é um algoritmo aritmético iterativo para calcular rotações vectoriais generalizadas sem efetuar multiplicações. Para aplicações em que o ângulo de rotação é conhecido de antemão, apresentaremos neste artigo um método para acelerar a execução do algoritmo CORDIC, reduzindo o número total de iterações. Isto é conseguido através de uma técnica designada por Recodificação Angular.

Koushik 2005: Neste artigo, propusemos um novo algoritmo de rotação por Computador Digital de Rotação Coordenada (CORDIC) que converge para o ângulo alvo final através da execução adaptativa de passos de iteração apropriados, mantendo o fator de escala virtualmente constante e completamente previsível. A nova caraterística do nosso esquema é que, dependendo do ângulo de entrada, o fator de escala pode assumir apenas dois valores, ou seja, 1 e 1 2, e é independente do número de iterações executadas, da natureza das iterações e do comprimento da palavra.

Maharatana 2004: Os autores propõem um algoritmo de rotação por computador digital de coordenadas (CORDIC) que elimina os problemas de compensação do fator de escala e de gama limitada de convergência associados ao algoritmo CORDIC clássico. No esquema proposto, dependendo do ângulo alvo ou da coordenada inicial do vetor, é necessário um escalonamento por 1 ou 1= p 2 que pode ser realizado com um hardware mínimo. O rotador CORDIC proposto seleciona adaptativamente os passos de iteração adequados e converge para o resultado final executando, em média, apenas 50% do número de iterações exigido pelo CORDIC clássico. Ao contrário do CORDIC clássico, o valor do fator de escala é completamente independente do número de iterações executadas.

Leena 2009: Este artigo apresenta dois algoritmos eficientes em termos de área e as suas arquitecturas baseadas em CORDIC. Enquanto o primeiro algoritmo elimina a ROM e requer apenas deslocadores de barril de baixa complexidade, o segundo elimina completamente os deslocadores de barril. Consequentemente, ambos os algoritmos consomem aproximadamente 50% de área em comparação com outras concepções CORDIC. Além disso, os algoritmos propostos são aplicáveis a toda a gama de ângulos.

Pramod 2009: O ano de 2009 marca a conclusão dos 50 anos da invenção do CORDIC (COordinate Rotation DIgital Computer) por Jack E. Volder. A beleza do CORDIC reside no facto de, através de simples operações de shift-add, poder executar várias tarefas de computação, como o cálculo de funções trigonométricas, hiperbólicas e logarítmicas, multiplicações reais e complexas, divisão, raiz quadrada, solução de sistemas lineares, estimativa de valores próprios, decomposição de valores singulares, factorização QR e muitas outras. Como consequência, o CORDIC tem sido utilizado para aplicações em diversas áreas, tais como processamento de sinais e imagens, sistemas de comunicação, robótica e gráficos 3-D, para além da computação científica e técnica em geral. Neste artigo, apresentamos uma breve panorâmica dos principais desenvolvimentos nos algoritmos e arquitecturas CORDIC, juntamente com as suas potenciais e futuras aplicações.

Jaime 2010: O rotador CORDIC (Coordinate Rotation DIgital Computer) é um algoritmo bem conhecido e muito utilizado em computadores devido à sua forma de efetuar alguns cálculos, tais como funções trigonométricas, entre outros. A compensação do fator de escala inerente ao algoritmo CORDIC torna-se uma desvantagem importante quando se tenta melhorar os seus benefícios, embora alguns autores tenham criado uma nova versão sem escala, que tem sido implementada com sucesso em aplicações sem fios. No entanto, este novo CORDIC pode ainda ser significativamente melhorado através da modificação de algumas das suas partes, pelo que este artigo apresenta uma versão melhorada do CORDIC sem escala.

Supriya 2012: Este artigo apresenta um algoritmo CORDIC eficiente em termos de área e tempo que elimina completamente o fator de escala. Através da seleção adequada da ordem de aproximação da série de Taylor, o circuito CORDIC proposto cumpre os requisitos de precisão e atinge o intervalo de convergência desejado. Além disso, propusemos um algoritmo para redefinir os ângulos elementares para reduzir o número de iterações CORDIC. Uma técnica generalizada de seleção de micro-rotações baseada na deteção de alta velocidade do mais significativo-1 evita os complexos algoritmos de pesquisa para identificar as micro-rotações.

Causo 2012: Este artigo propõe uma versão inovadora do algoritmo CORDIC, introduzindo um rotador paralelo capaz de rodar mais do que um ângulo de micro-rotação por vez. Os métodos para escolher os pares de ângulos de micro-rotação consecutivos, bem como a configuração mais adequada para a abordagem proposta, são aqui relatados.

Supriya 2012: Este artigo apresenta uma arquitetura eficiente em termos de hardware para gerar ondas de seno e cosseno com base no algoritmo CORDIC (Coordinate Rotation Digital Computer). Na sua forma original, o CORDIC sofre de grandes inconvenientes, como o cálculo do fator de escala, a latência e a seleção óptima das micro-rotações. O algoritmo proposto supera todos estes inconvenientes. Utilizamos a técnica de deteção do bit principal para identificar as micro-rotações. A conceção sem escala do algoritmo proposto baseia-se na expansão em série de Taylor das ondas seno e cosseno.

Supriya 2013: Este artigo apresenta um novo algoritmo CORDIC completamente livre de escala no modo de rotação para trajetória hiperbólica. Utilizamos a técnica de deteção do bit mais significativo para a geração da sequência de micro-rotação para reduzir o número de iterações. Ao armazenar os valores hiperbólicos sinh/cosh nos limites dos octantes numa ROM, podemos alargar o intervalo de convergência a todo o espaço de coordenadas. Com base nisto, propomos um processador CORDIC hiperbólico em pipeline para implementar um sintetizador digital direto (DDS). O DDS é ainda utilizado para derivar um gerador de formas de onda arbitrárias (AWG) eficiente, em que um gerador de números pseudo-aleatórios modula os incrementos lineares de fase para produzir formas de onda aleatórias com modulação de fase.

Após os métodos acima referidos, foram introduzidas muitas melhorias no algoritmo córdico e foram propostas muitas técnicas generalizadas para o cálculo de várias funções, como seno/cosseno [3], [4], transformadas [5], [6], expoentes/logaritmos, raízes quadradas, valores próprios [7], etc. Durante os últimos 50 anos [8], registaram-se grandes avanços na conceção do algoritmo para ultrapassar os seus principais inconvenientes. Em [9], [10], [11], os autores sugerem a utilização de algoritmos de pesquisa gulosa para identificar as micro-rotações.

A eficiência destas abordagens baseia-se na probabilidade do ângulo de rotação, que é o principal problema. A sua implementação em termos de hardware é difícil e enfrenta outro grande problema: o fator de escala variável. É este fator que reduz a vantagem da latência. Para reduzir o problema do fator de escala, é utilizada uma técnica de baixa complexidade e a abordagem é a expansão da série de Taylor, que também tem alguns inconvenientes. O intervalo de convergência é um problema importante, pelo que se sugere uma nova abordagem para a redução deste problema. A técnica de baixa complexidade para eliminar o fator de escala é a utilização da expansão em série de Taylor. O CORDIC sem escala e o CORDIC sem escala modificado[12, 13] são técnicas baseadas na abordagem da série de Taylor. A primeira sofre de um baixo intervalo de convergência (RoC) que a torna inadequada para aplicações práticas, enquanto a segunda alarga o RoC mas enfrenta o problema do fator de escala constante de $1/\sqrt{2}$.

O CORDIC sem escala e o CORDIC sem escala modificado [14, 15] em [14] o autor sugeriu uma nova abordagem para a geração de seno/cosseno, nesta abordagem o autor eliminou uma ROM e um grande deslocador de barril na implementação de hardware do sistema CORDIC, mas esta abordagem sofre de baixa gama de convergência (RoC) que a torna inadequada para aplicações práticas, em [15] o autor propôs uma nova técnica para a redução do fator de escala e do número de iterações. A modificação do algoritmo CORDIC é a gravação em cabina modificada Radix-4, com a qual continua a funcionar sem fator de escala e o hardware correspondente ao caminho dos dados pode ser excluído, permitindo cada iteração na fase de pipeline que processa dois bits de cada vez a partir do vetor. Desta forma, o autor consegue reduzir o número de iterações. Multiplicador constante - produz-se um termo constante que é $1/\sqrt{2}$ para este termo constante em trabalhos anteriores é necessário hardware extra, pelo que isto pode ser evitado por um multiplicador constante que reduz o problema de hardware extra. Eliminação da dobragem do domínio, no trabalho anterior o ângulo do núcleo CORDIC sem escala está entre 0 e $\frac{\pi}{8}$ rad, mas neste trabalho o intervalo de convergência situa-se entre $-\frac{\pi}{2}$ a $\frac{\pi}{2}$ Em [17], [14,15] também enfrentam o problema do fator de escala constante. Em [18], o autor propõe a técnica de deteção de um bit líder para identificar as micro-rotações. O algoritmo proposto é baseado na expansão em série de Taylor das ondas seno e cosseno. Em [19], o autor utiliza a mesma abordagem, mas implementa uma função hiperbólica cónica.

Uma arquitetura eficiente em termos de hardware para gerar ondas SINE e COSINE baseada no algoritmo CORDIC (Coordinate Rotation Digital Computer). [16]. Esta abordagem sugere uma nova abordagem em que o autor utiliza a técnica de deteção do bit principal para identificar as micro-rotações. Este processo elimina a complexidade do algoritmo de pesquisa. A conceção do algoritmo sem escala baseia-se na expansão em série de Taylor das ondas de seno e cosseno. O algoritmo proposto é de até quarta ordem da série de Taylor. Geração de sequências de micro-rotação: em trabalhos anteriores, para a rotação de ângulos, é necessária uma memória ROM, mas, utilizando a geração de sequências de micro-rotação, não é necessária qualquer memória ROM para armazenar os ângulos de rotação elementares. Nesta abordagem, o autor utiliza a mesma técnica de [16], mas converte essa arquitetura em forma paralela e propõe a implementação do rotador paralelo CORDIC para ser optimizado ao máximo para obter um desempenho elevado com um custo inferior em termos de consumo de área.

3.1 Algoritmo básico do Cordic:

ALGORITMO CORDIC[1] O princípio subjacente ao algoritmo CORDIC baseia-se na geometria bidimensional. Este algoritmo funciona em modo de rotação ou de vectorização, seguindo trajectórias lineares, circulares ou hiperbólicas. Concentramo-nos no modo de operação de rotação em trajetória circular.

A. Algoritmo CORDIC convencional Seja o vetor Va[Xa, Yb] derivado pela rotação do vetor Vb[Xa Yb] através de um ângulo Θ ,então:

$$\begin{bmatrix} x_B \\ y_B \end{bmatrix} = R_p \cdot \begin{bmatrix} x_A \\ y_A \end{bmatrix}, R_p = \begin{bmatrix} Cos\Theta & -sin\Theta \\ sin\Theta & Cos\Theta \end{bmatrix} \tag{1}$$

A equação (1) constitui o princípio básico para o cálculo iterativo de coordenadas no algoritmo CORDIC [1]. O conceito-chave na realização de rotações usando CORDIC é expressar o ângulo de rotação Θ como uma agregação de ângulos elementares pré-definidos, definidos como: onde b é o comprimento de palavra em bits. (2)

$$\Theta = \sum_{i=0}^{b} \mu_i * \alpha_i \,\text{where}\, \mu_i = -1, 1 \,; \alpha_i = \tan^{-1} 2^{-i} \tag{2}$$

O RoC do CORDIC convencional é [-99,9 graus, 99,9 graus] e, utilizando um passo de iteração adicional, pode ser alargado a todo o espaço de coordenadas. A matriz de rotação Rp, na sua forma original, é de computação intensiva; requer o cálculo das funções seno e cosseno com quatro operações de multiplicação e duas de adição. A factorização do termo cosseno simplifica a matriz de rotação Rp (1), convertendo as operações de multiplicação em operações de deslocamento, uma vez que a tangente dos ângulos elementares é definida em potências negativas de dois(2). Mas a penalização paga é a introdução do fator de escala que varia em função do cosseno da rotação elementar.

Como se pode ver em (3), o fator de escala Ki é independente da direção da micro-rotação. Com a execução sequencial de um grande número de iterações, tende para uma constante, referida como o ganho do algoritmo CORDIC. O fator de escala é assim compensado na unidade de pós ou pré-processamento

$$R_p = K_i. \begin{bmatrix} 1 & -\mu_i.2^{-i} \\ \mu_i.2^{-i} & 1 \end{bmatrix}, K_i = \frac{1}{\sqrt{1 + 2^{-2i}}} \qquad (3)$$

B. Revisão do Scale Free:

A primeira tentativa de conceber equações CORDIC de coordenadas sem escala utilizando a expansão em série de Taylor foi a Scaling-free CORDIC [12]. Aqui, as micro-rotações estão limitadas apenas à direção anti-horária, de modo que qualquer ângulo de rotação é representado como a soma algébrica de ângulos elementares. As funções seno e cosseno são aproximadas para:

$$\sin\alpha_i = 2^{-i}, \cos\alpha_i = 1 - 2^{2i+1} \qquad (4)$$

3.2 MODO DE ROTAÇÃO:

No modo de rotação, o acumulador de ângulos é inicializado com o ângulo de rotação pretendido. A decisão de rotação em cada iteração é tomada para diminuir a magnitude do ângulo residual no acumulador de ângulos. A decisão em cada iteração baseia-se, portanto, no sinal do ângulo residual após cada passo. Naturalmente, se o ângulo de entrada já estiver expresso na base arctangente binária, o acumulador de ângulos pode ser eliminado. Para o modo de rotação, as equações CORDIC são:

$$x_{i+1} = x_i - y_i \times d_i \times 2^{-i}$$

$$y_{i+1} = y_i + x_i \times d_i \times 2^{-i}$$

$$z_{i+1} = z_i - d_i \times \tan^{-1}(2^{-i})$$

where

$$d_i = -1 \text{ if } z_i < 0, +1 \text{ otherwise}$$

which provides the following result

$$x_n = A_n[x_0 \cos z0 - y_o \sin z_0]$$

$$y_n = A_n[yo \cos z0 + x_0 \sin z_0]$$

$$z_n = 0$$

$$An = \prod_n \sqrt{1 + 2^{-2i}}$$

3.3 ROTAÇÃO CÓRDICA NO MODO DE VECTORIZAÇÃO: No modo de vectorização, o vetor CORDIC roda o vetor de entrada através de qualquer ângulo necessário para alinhar o vetor resultante com o eixo x. O resultado da operação de vectorização é um ângulo de rotação e a magnitude escalada do vetor original (o componente x do resultado). A função de vectorização funciona procurando minimizar a componente y do vetor residual em cada rotação. O sinal do componente y residual é utilizado para determinar a direção de rotação seguinte. Se o acumulador de ângulos for inicializado com zero, conterá o ângulo percorrido no final das iterações. No modo de vectorização, as equações CORDIC são:

$$x_{i+1} = x_i - y_i \times d_i \times 2^{-i}$$

$$y_{i+1} = y_i + x_i \times d_i \times 2^{-i}$$

$$z_{i+1} = z_i - d_i \times \tan^{-1}(2^{-i})$$

where

$$d_i = +1 \text{ if } y_i < 0, -1 \text{ otherwise}$$

Then:

$$x_n = A_n \times \sqrt{x_0^2 + y_0^2}$$

$$y_n = 0$$

$$z_n = z_0 + \tan^{-1}(y_0/x_0)$$

Os algoritmos de rotação e vectorização CORDIC estão limitados a ângulos de rotação entre -900 e 900. Para rotações compostas superiores a 900, é necessária uma rotação adicional. Obtém-se assim a iteração de correção:

$$x' = -d \times y$$

$$y' = d \times x$$

$$z' = z + d \times \prod /2$$

where

$$d = +1 \text{ if } y < 0, -1 \text{ otherwise}$$

Não há crescimento para esta rotação inicial. Em alternativa, pode ser efectuada uma rotação inicial de Π ou 0, evitando a reatribuição das componentes x e y aos elementos rotativos. Mais uma vez não há crescimento devido à rotação inicial

$$x' = d \times x$$

$$y' = d \times y$$

$$z' = z \text{ if } d = 1, \text{ or } z = \prod \text{ if } d = -1$$

$$d = -1 \text{ if } x < 0, +1 \text{ otherwise}$$

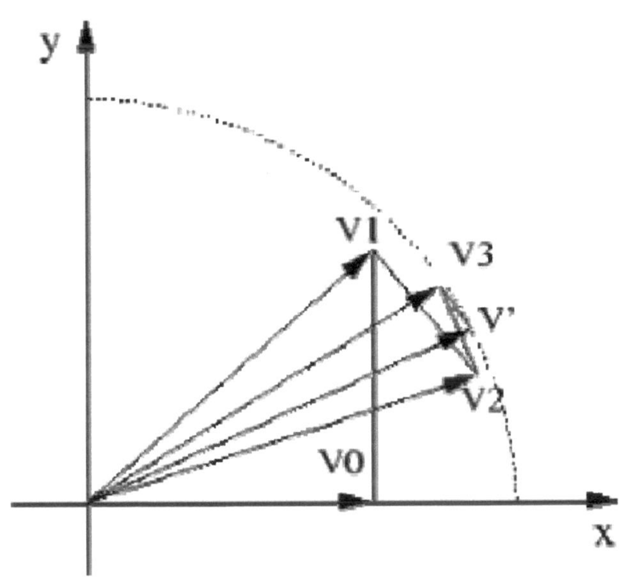

FIG 3.1: Rotação iterativa do vetor, inicializada com V0

Capítulo 4
Identificação do problema

4. Identificação do problema

De acordo com a investigação anterior, existem muitos problemas no algoritmo CORDIC e no processador CORDIC. Esses problemas são, por exemplo, o **fator** de **escala** Muitos algoritmos enfrentam o problema do fator de escala, que foi abordado por muitos investigadores e, em contrapartida, a latência foi negligenciada na abordagem melhorada. **Hardware pesado** Muitos algoritmos requerem um fator multiplicador, alguns requerem um fator multiplicador constante, outros requerem um número de lógica de deslocação e um grande número de somadores e substractores. **Latência**[17] Esta abordagem reduz o problema da latência, mas ainda é possível reduzir a latência em termos de hardware. Estas questões ainda podem ser resolvidas e são as questões mais importantes que têm de ser resolvidas no futuro, porque neste momento estamos na era da visão HD e da tecnologia de comunicação 4G, onde precisamos de algoritmos rápidos.

4.1 Objectivos da tese

O processador CORDIC é uma arquitetura útil em muitas aplicações, como o processamento digital de sinais, multimédia, geração de funções, mas o processador CORDIC continua a apresentar muitos problemas, que discuti na lacuna de investigação. Por isso, há os seguintes objectivos que irei abordar na minha tese:

1. **Redução da complexidade do hardware**
2. **Reduzir o problema do fator de escala**
3. **Redução da latência.**
4. **Problemas de exatidão**

Aqui apresentaremos outra nova abordagem que reduz todo esse problema com a ajuda da técnica de aproximação. Nesta abordagem, o intervalo de erro introduzido é entre 0 e 5%, o que é tolerável.

Capítulo 5
Aplicações

5. Aplicação

Existem muitas aplicações em que é necessário utilizar o processador cordic e essas aplicações são:

1. **Aplicação aeroespacial.**
2. **Transformada discreta de cosseno (unidade de compressão de imagem).**
3. **Diferentes filtros DSP e DIP.**
4. **Aplicações multimédia.**

Capítulo 6
Ferramenta e software necessários

6 Ferramentas de software necessárias

Este projeto será desenvolvido em ambos os níveis: algoritmo e nível de arquitetura. Assim, ao nível do algoritmo, utilizaremos o Matlab e a análise ao nível da aplicação será efectuada no DCT utilizando apenas o Matlab. O desenvolvimento a nível de arquitetura semelhante será feito em Xilinx e a verificação será feita em MATLAB Versão 11.

Tabela: Resumo das ferramentas de software

Ferramentas de desenvolvimento (Algoritmo)	**MATLAB Versão 11**
Ferramenta de Simulação e Verificação	**MATLAB Versão 11**

Capítulo 7
Metodologia

7 METODOLOGIA:

Nesta secção, apresentamos a minha nova abordagem para a geração de seno e cosseno, utilizando o conceito de aproximação, como sabemos, utilizando a técnica de aproximação, podemos

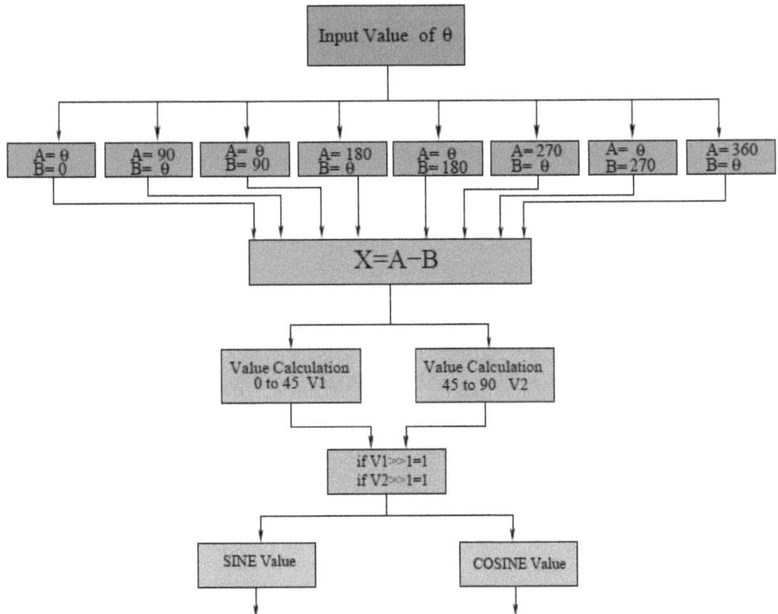

Figura 7.1: fluxo de trabalho da abordagem proposta

reduzem a complexidade do hardware, mas a parte do erro aumenta, mas ainda podemos utilizar esta técnica para muitas aplicações de processamento de imagem/vídeo porque o olho humano não consegue identificar pequenos erros. Como sabemos, em trigonometria, o seno e o cosseno são as funções mais importantes porque, ao utilizar esta função, podemos facilmente gerar outras funções de trigonometria, a série de Taylor é uma boa abordagem para a geração de seno/cosseno, mas ao utilizar esta técnica, o número de iterações aumenta e a complexidade do hardware também aumenta, reduzindo assim este problema, é utilizada outra abordagem e, nesta abordagem, como vejo para 0 a 45 graus, se convertermos a teta de entrada em radiano, o resultado de saída é igual ao valor original dessa teta específica. Assim, para o seno 0 45, podemos aplicar diretamente a conversão de graus em radianos, como sabemos

$$Radian = \frac{\Theta * \pi}{180} \approx \frac{\Theta * 4}{256}$$

Também podemos escrever como Radiano = $\Theta/64$ porque o rácio de Θ 180 = 0,01744 e razão de 1/64 = 0,0156 para que possamos substituir e aqui 1/64 significa deslocar o bit 6 vezes para que nenhum divisor seja necessário para realizar essa operação. Assim, a equação final é

$$X1 = \frac{\Theta}{64}$$

Agora, como sabemos a relação entre o seno e o cosseno, o valor do seno entre 0 e 45 graus é igual ao valor do cosseno entre 45 e 90 graus, pelo que podemos simplesmente baralhar o valor do seno para o valor do cosseno. Agora, para o cálculo do seno 46 a 90, sabemos que o valor do seno 45 graus significa que é muito simples calcular o valor do seno 46 a 90. como sabemos que a diferença entre o seno46 e o seno45 é igual a 0,08 e podemos reescrever 0,08 em 1/128. assim, a expressão final para o seno 46 a seno 90 é

$$X2 = (\frac{K}{64} + 45) + (45 - \Theta) * (\text{difference between sine 46 and 45})$$

Rewriting the equation

$$X3 = (\frac{K}{64} + 45) + (45 - \Theta) * (0.08)$$

$$X4 = (\frac{(K + 45)}{64}) + \frac{(45 - \Theta)}{128}$$

Aqui o valor de K está entre 0 e 4 e estou a introduzir um erro negativo e esse erro irá negligenciar o erro positivo que é gerado por (45 - Θ)/ 128 após este valor gerado ser superior a 1, então converta esse valor em 1, aqui estou a calcular apenas o valor do seno entre 0 e 90 e utilizando a rotação de coordenadas podemos calcular outro valor do seno e se estivermos a calcular, então utilizando esse valor podemos calcular o valor do cosseno.

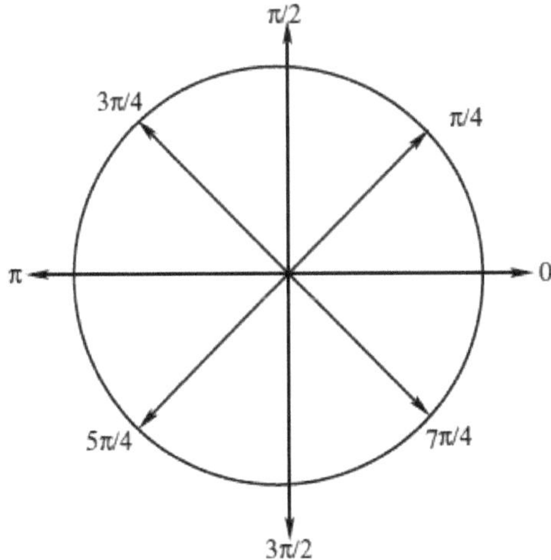

Figura 7.2: Representação de ângulos

Capítulo 8
Implementação

8 Esquema de implementação da unidade de processamento CORDIC:

Aqui vamos propor uma nova arquitetura da Unidade de Processamento Córdico com o objetivo de reduzir a complexidade temporal e o fator de escala ao nível do algoritmo. A nível da arquitetura, faremos uma justificação com a métrica SPAA de acordo com o tema da nossa tese. De acordo com esse conceito, concéberemos um algoritmo rápido e reduziremos a complexidade temporal. Em seguida, conceberemos a arquitetura da unidade de processamento utilizando o algoritmo Cordic que propomos.

Na fase inicial, iremos conceber o nosso próprio algoritmo novo, após o que iremos conceber a nossa arquitetura do algoritmo novo proposto. Agora, do ponto de vista da análise, utilizaremos a DCT como uma aplicação onde aplicaremos a nossa lógica proposta com a lógica existente anterior. Neste caso, vamos comparar a qualidade da imagem de saída com diferentes parâmetros de qualidade de imagem. Agora, na fase de hardware, utilizaremos Verilog HDL e desenharemos a nossa arquitetura no Xilinx 14.2. Na prática, faremos a análise no Vertix 6 FPGA. Utilizando a verificação Verilog, verificaremos a eficiência do projeto proposto.

Algoritmo Cordic proposto:

Nesta secção, discuti os detalhes da implementação do algoritmo Cordic proposto, o algoritmo é implementado em Matlab e todas as análises são feitas. Nesta abordagem, o número de iterações necessárias é menor e também em termos de hardware; apenas são utilizados o somador, o subtrator e a lógica de deslocamento. Nesta abordagem, só é efectuado o cálculo do seno e, com a ajuda do seno, é gerada a função cosseno. A vantagem desta abordagem é que podemos gerar a função cosseno com a ajuda do seno em paralelo; por exemplo, se $\Theta = 30$ graus, podemos calcular o seno 30 e o cosseno 30 paralelamente, utilizando a lógica de rotação. Como se pode ver na figura, o valor de entrada é aplicado, depois a sua diferença é calculada e podemos gerar o seno e o cosseno paralelamente, a diferença calculada é passada através de ambas as funções, aqui estamos a utilizar apenas o somador, o subtrator e, para a divisão, estamos a utilizar a lógica de deslocação. Mas, nesta fase, estamos a introduzir um erro positivo, com a ajuda deste erro podemos reduzir o erro negativo. Agora, a saída gerada é passada do verificador de erros para verificar as condições se V1 $\gg$ 1 e V2 $\gg$ 1 for V1 = 1 e V2 = 1, a próxima etapa é por seno lógico de seleção e os valores de cosseno são calculados.

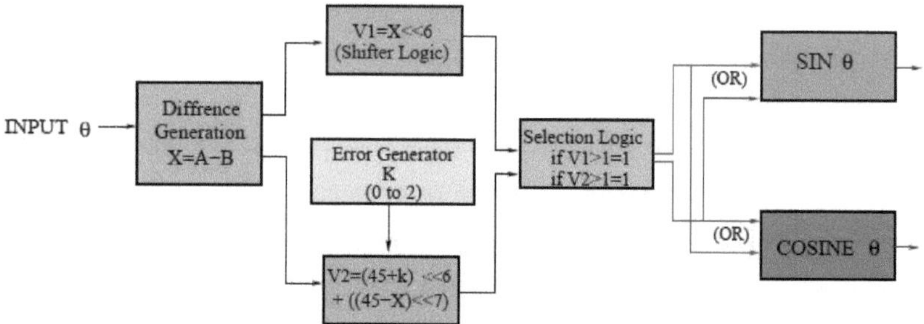

Figura 8.1: Descrição em blocos da abordagem proposta

Capítulo-9
Resultado e análise

9 Resultado e análise:

Nesta secção, apresentamos a análise comparativa do algoritmo cordic proposto com a abordagem anterior existente. Aqui, geramos formas de onda de seno e de cosseno e efectuamos a análise comparativa do erro. De forma semelhante, também efectuamos a análise das identidades trigonométricas, onde encontramos uma diferença muito pequena entre a nossa proposta e a abordagem existente anterior. Nesta secção, também realizamos a análise ao nível da aplicação, onde utilizamos a transformada de cosseno de Desecrate como aplicação, onde geramos o coeficiente 8X8 DCT utilizando o nosso algoritmo proposto e realizamos a análise ao nível da precisão. Toda a implementação e simulação são efectuadas na ferramenta Matlab 2011.

Tabela 9.1 Análise de erros:

Θ	original	Taylor	proposed
0-90	0	0 to $-6*10^{-3}$	-0.02 to 0.02
90-180	0	0 to -0.03	-0.02 to 0.02
180-270	0	-0.02 to 0	-0.02 to 0.02
270-360	0	0 to 0.02	-0.02 to 0.02

9.1 Análise comparativa:

Utilizando o seno e o cosseno, analisei a diferença de erro entre a onda senoidal e o cosseno individualmente e as Identidades Trignométricas sin2(x)+cos2(x) = 1 Depois de analisar os resultados na abordagem convencional, os resultados:

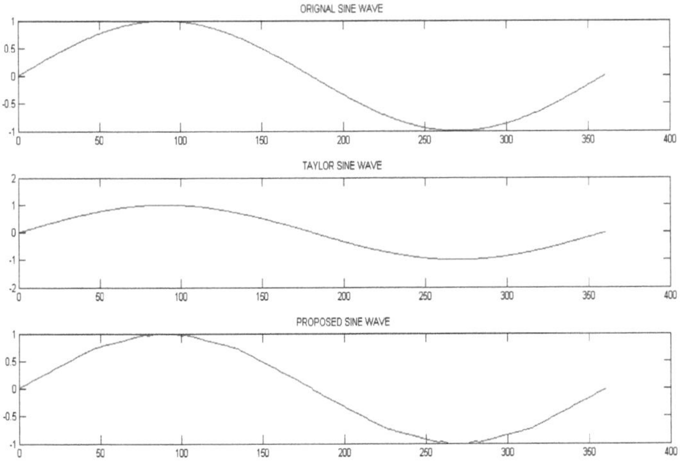

Fig. 9.1 Onda senoidal

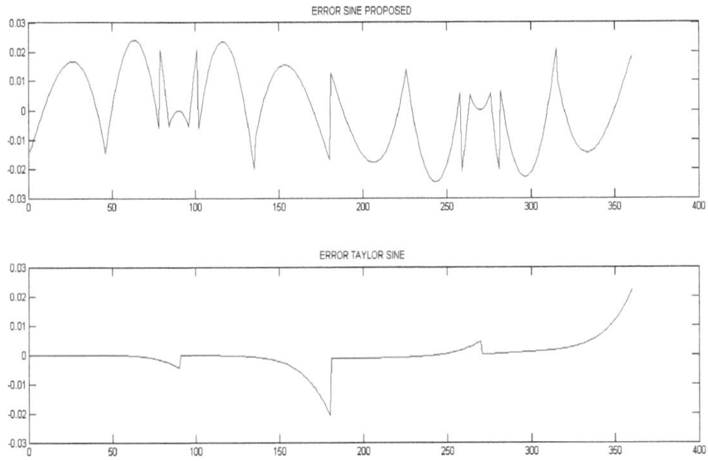

Fig. 9.2 Erro na onda senoidal

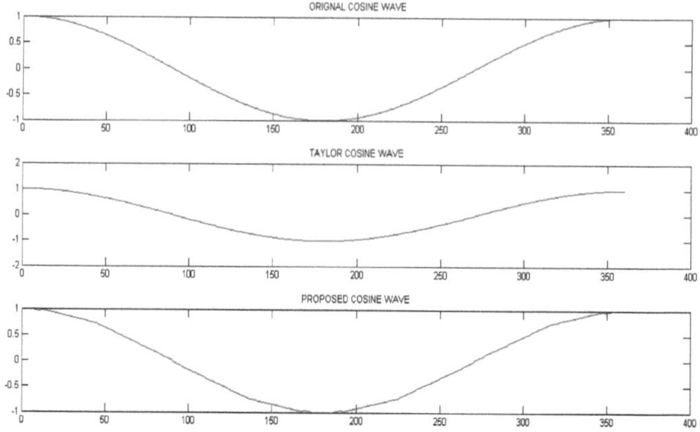

Fig. 9.3 Onda cosseno

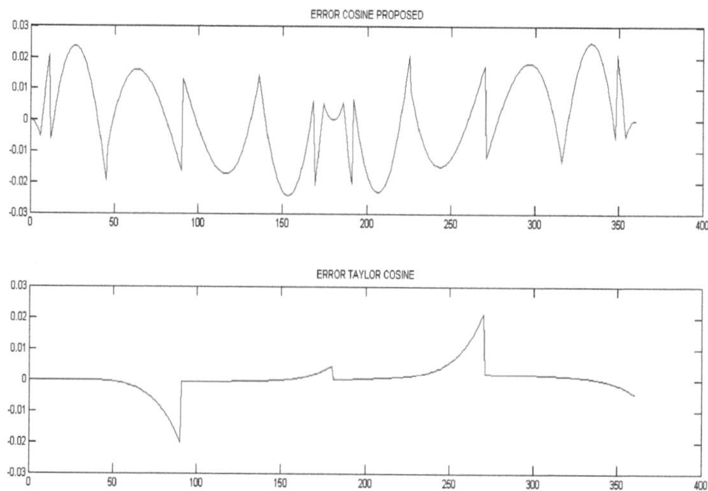

Fig. 9.4 Erro na onda cosseno

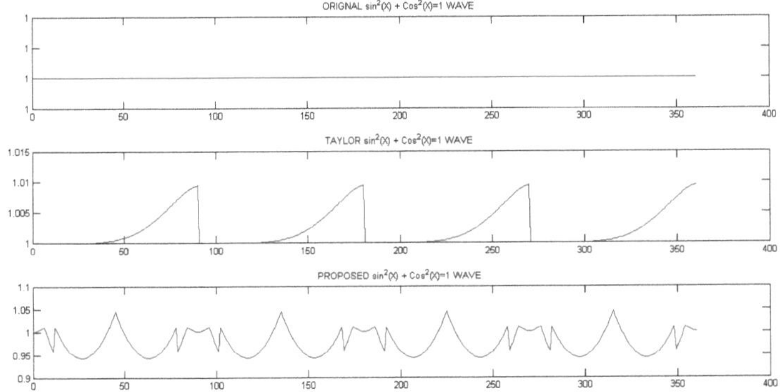

Fig. 9.5 Identidades trigonométricas

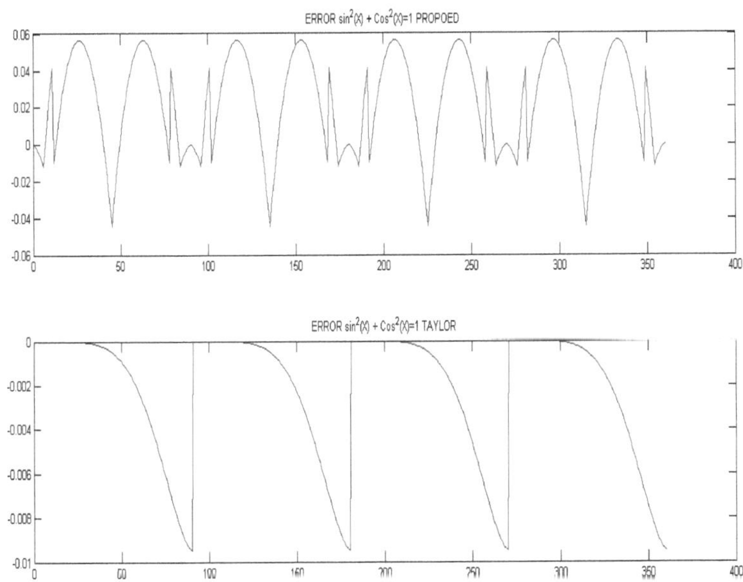

Fig. 9.6 Erro nas Identidades Trigonométricas

Análise ao nível da aplicação:

Coeficiente DCT 8X8 em termos de Radiano:

```
[0.3536   0.3536   0.3536   0.3536    0.3536    0.3536    0.3536
 0.3536
 0.4904   0.4157   0.2778   0.0975   -0.0975   -0.2778   -0.4157   -
 0.4904
 0.4619   0.1913  -0.1913  -0.4619   -0.4619   -0.1913    0.1913
 0.4619
 0.4157  -0.0975  -0.4904  -0.2778    0.2778    0.4904    0.0975   -
 0.4157
 0.3536  -0.3536  -0.3536   0.3536    0.3536   -0.3536   -0.3536
 0.3536
 0.2778  -0.4904   0.0975   0.4157   -0.4157   -0.0975    0.4904   -
 0.2778
 0.1913  -0.4619   0.4619  -0.1913   -0.1913    0.4619   -0.4619
 0.1913
 0.0975  -0.2778   0.4157  -0.4904    0.4904   -0.4157    0.2778   -
 0.0975]
```

DCT 8X8 Coeficiente em termos de grau:

```
[69.29 69.29 69.29 69.29 69.29 69.29   69.29    69.29
 60.03 65.43 73.87 84.84 95.59 106.12 114.56 119.36
  60.49 78.97 101.02 117.5 117.5 101.01 78.97 62.49
 65.43 95.59 119.36 106.12 73.87 60.63 84.40 104.56
 62.29 110.70 110.70 62.29 62.29 110.70 110.70 62.29
 73.87 119.63 84.40 65.43 114.56 95.59 60.63 106.62
 70.97 110.50 62.49 101.02 101.02 62.49 119.50 78.97
 84.40 106.12 65.43 119.36 60.63 114.56 73.87 95.59]
```

Coeficiente DCT 8X8 baseado em Cordic proposto:

```
[0.3392   0.3392   0.3392   0.3392    0.3392    0.3392    0.3392
 0.3392
 0.4745   0.3995   0.2677   0.0962   -0.1030   -0.2675   -0.3994   -
 0.4744
 0.4455   0.1880  -0.1878  -0.4453   -0.4619   -0.1878    0.1880
 0.4455
 0.3995  -0.1030  -0.4744  -0.2675    0.2677    0.4750    0.0969   -
 0.4157
 0.3536  -0.3536  -0.3536   0.3536    0.3536   -0.3536   -0.3536
 0.3536
 0.2778  -0.4904   0.0975   0.4157   -0.4157   -0.0975    0.4904   -
 0.2778
 0.1913  -0.4619   0.4619  -0.1913   -0.1913    0.4619   -0.4619
 0.1913
 0.0975  -0.2778   0.4157  -0.4904    0.4904   -0.4157    0.2778   -
 0.0975]
```

Imagem de teste:

Fig. 9.7 Imagem de teste

Imagem de saída dos coeficientes DCT originais:

Fig. 9.8 Imagem DCT original

Imagem de saída dos coeficientes DCT propostos:

Fig. 9.9 Imagem DCT proposta

Tabela 9.1 ANÁLISE DO VALOR PSNR:

Imagem	Original	Proposta
Barco	36.31	26.26

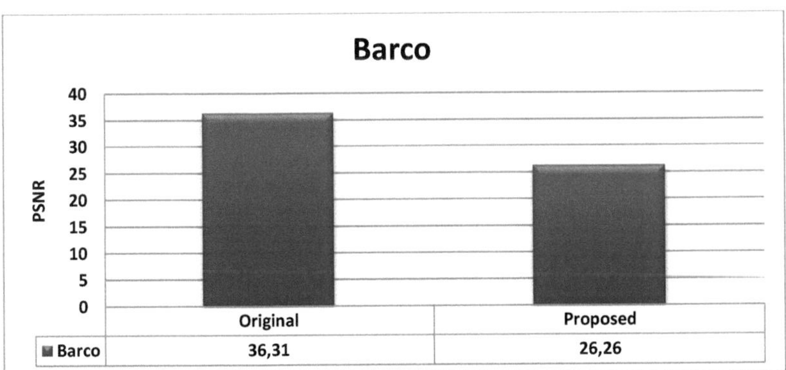

Fig. 9.10 Compressão PSNR

Tabela 9.2 Análise da complexidade temporal:

Parâmetro	Taylor	Proposta
Tempo (Seg)	0.008183	0.000016

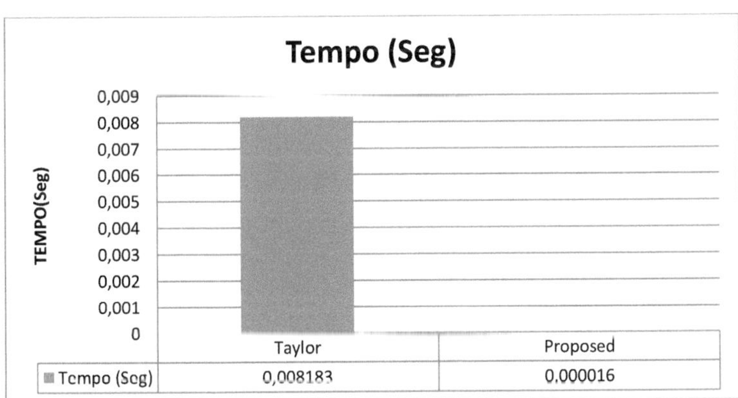

Fig. 9.11 Compressão de tempo

Como podemos ver, a nossa abordagem proposta é muito melhor do que a complexidade temporal, o que é semelhante se criarmos uma arquitetura da nossa abordagem proposta que exija muito menos unidades de hardware. Como podemos ver neste resultado, obtivemos menos complexidade de tempo com boa qualidade de imagem na análise a nível da aplicação.

Capítulo-10
Conclusão

10.1 **Conclusão:**

O algoritmo proposto fornece um processador eficiente em termos de área e tempo para gerar valores de seno e cosseno em hardware. O algoritmo proposto requer apenas dois deslocadores e dois substractores e um somador e uma lógica de controlo e essa lógica irá gerar o valor de e mais um bloco que é a lógica de verificação de condições e que é criado pelo multiplexador, como vemos no ponto de vista de aproximação aqui o erro gerado está entre -0,02 a 0,02 significa entre -5% a +5%. este algoritmo irá reduzir o problema do trabalho anterior que são latência, hardware, fator de escala. neste algoritmo proposto não é gerado qualquer fator de escala e para redução de hardware podemos usar somador constante e substarctor. Aqui também representamos a análise de nível de aplicação no DCT, onde obtivemos um consumo de tempo muito menor com boa qualidade na imagem.

10.2 **Âmbito futuro:**

Como sabemos, há muitas aplicações que requerem funções trigonométricas, pelo que, para essas aplicações, é necessário o algoritmo CORDIC. Agora, se estamos a falar de um sistema rápido, é necessária uma unidade de hardware específica que será conhecida como processador CORDIC, pelo que podemos converter o nosso algoritmo proposto em termos de arquitetura para esse tipo de aplicações.

Apêndice

Apêndice 1: Código CORDIC com a técnica proposta e a técnica anterior

```matlab
function [sine cosine ]=cordic(i)
clc
clear

for i=1:360
  P=i;
%%%%%%%%%%%%%%%%%%%%%%%%%        THETA        GENERATION
%%%%%%%%%%%%%%%%%%%%%%%%%
  if(P<=45)
    A=P;
    B=-1;
  end
  if(P>45 && P<=90)
    A=91;
    B=P;
  end
  if(P>90 && P<=135)
    A=P;
    B=89;
  end
  if(P>135 && P<=180)
    A=181;
    B=P;
  end
  if(P>180 && P<=225)
    Â=P;
```

```matlab
  B=179;
end
if(P>225 && P<=270)
   A=271;
   B=P;
end
if(P>270 && P<=315)
   A=P;
   B=269;
end
if(P>315 && P<=360)
   A=361;
   B=P
end


X=A-B;% THETA GENERATER
if(X<=12)
   K=0;
else
   K=4;
end


%%%%%%%%%%%%%%%%%%%%%%%%%%%    VALUE    CALCULATION
%%%%%%%%%%%%%%%%%%%%%%%%%%%%%%%%
P1=(X/64)
P2=((90+K)+(45-X))/128;
if(P2>1)
   P2=1;
end
```

```matlab
%%%%%%%%%%%%%%%%%%%%%%%%%%% PROPSED SINE & COSINE %%%%%%%%%%%%%%%%%%%%%%%%%%

if(P<=45)
    sine(i)=P1;
    cosine(i)=P2;
end
if(P>45 && P<=90)
    sine(i)=P2;
    cosine(i)=P1;
end
if(P>90 && P<=135)
    sine(i)=P2;
    cosine(i)=-1*P1;
end
if(P>135 && P<=180)
    sine(i)=P1;
    cosine(i)=-1*P2;
end
if(P>180 && P<=225)
    sine(i)=-1*P1;
    cosine(i)=-1*P2;
end
if(P>225 && P<=270)
    sine(i)=-1*P2;
    cosine(i)=-1*P1;
end
if(P>270 && P<=315)
    sine(i)=-1*P2;
    cosine(i)=P1;
```

```matlab
end
if(P>315 && P<=360)

    sine(i)=-1*P1;

    cosine(i)=P2;

end

AVG_PROPOSED=(sine).^2 + (cosine).^2;
%%%%%%%%%%%%%%%%%%%%%%%    ORIGNAL    SINE    &    COSINE
%%%%%%%%%%%%%%%%%%%%%%%%%%%%%%%

X1(i)=sin(((P*22)/7)/180);

X2(i)=cos(((P*22)/7)/180);

AVG_ORIGNAL=(X1).^2 + (X2).^2;
%%%%%%%%%%%%%%%%%%%%%%%    TAYLOR    SINE    &    COSINE
%%%%%%%%%%%%%%%%%%%%%%%%%%%%%%%

if(P<=90)

K=(((P*22)/7)/180);

TAYLORSINE(i)=(K-((K^3)/6)+((K^5)/120));

TAYLORCOSINE(i)=1-((K^2)/2)+((K^4)/24);

end

if(P>90 && P<=180)

K=((((P-90)*22)/7)/180);

TAYLORSINE(i)=1-((K^2)/2)+((K^4)/24);

TAYLORCOSINE(i)=-1*(K-((K^3)/6)+((K^5)/120));

end

if(P>180 && P<=270)

K=((((P-180)*22)/7)/180);

TAYLORSINE(i)=-1*(K-((K^3)/6)+((K^5)/120));

TAYLORCOSINE(i)=-1*(1-((K^2)/2)+((K^4)/24));

end

if(P>270 && P<=360)

K=((((P-270)*22)/7)/180);
```

```matlab
TAYLORSINE(i)=-1*(1-((K^2)/2)+((K^4)/24));

TAYLORCOSINE(i)=(K-((K^3)/6)+((K^5)/120));

end

AVG_TAYLOR=(TAYLORSINE).^2 + (TAYLORCOSINE).^2;

TAYLORTANGENT=(TAYLORSINE)./(TAYLORCOSINE);

%%%%%%%%%%%%%%%%%%%%%%%                    ERROR                    SINE
%%%%%%%%%%%%%%%%%%%%%%%%%%%%%%%%%%%%%%%%%%%%%%%%

error1=X1-sine;

error2=X1-TAYLORSINE;

%%%%%%%%%%%%%%%%%%%%%%%                    ERROR                    COSINE
%%%%%%%%%%%%%%%%%%%%%%%%%%%%%%%%%%%%%%%%%%%%%%%%

error3=X2-cosine;

error4=X2-TAYLORCOSINE;

%%%%%%%%%%%%%%%%%%%%%%%                    ERROR                    AVG
%%%%%%%%%%%%%%%%%%%%%%%%%%%%%%%%%%%%%%%%%%%%%%%%%%%%
%

error5=AVG_ORIGNAL-AVG_PROPOSED;

error6=AVG_ORIGNAL-AVG_TAYLOR;

end

%%%%%%%%%%%%%%%%%%%%%%%%%%%                    SINE                    WAVEFORM
%%%%%%%%%%%%%%%%%%%%%%%%%%%%%%%%%%%%%%%%%%%%%

figure(1);title('SINE WAVEFORM');

subplot(3,1,3);plot(sine);title('PROPOSED SINE WAVE');

subplot(3,1,1);plot(X1);title('ORIGNAL SINE WAVE');

subplot(3,1,2);plot(TAYLORSINE);title('TAYLOR SINE WAVE');


figure(2);title('ERROR SINE WAVEFORM');

subplot(2,1,1);plot(error1);title('ERROR SINE PROPOSED');

subplot(2,1,2);plot(error2);title('ERROR TAYLOR SINE');

%%%%%%%%%%%%%%%%%%%%%%%%%%%                    COSINE                    WAVEFORM
%%%%%%%%%%%%%%%%%%%%%%%%%%%%%%%%%%%%%%%%%%%%

figure(3);title('COSINE WAVEFORM');
```

```matlab
subplot(3,1,3);plot(cosine);title('PROPOSED COSINE WAVE');

subplot(3,1,1);plot(X2);title('ORIGNAL COSINE WAVE');

subplot(3,1,2);plot(TAYLORCOSINE);title('TAYLOR COSINE WAVE');


figure(4);title('ERROR COSINE WAVEFORM');

subplot(2,1,1);plot(error3);title('ERROR COSINE PROPOSED');

subplot(2,1,2);plot(error4);title('ERROR TAYLOR COSINE');

%%%%%%%%%%%%%%%%%%%%%%%%%%%%    AVG    WAVEFORM
%%%%%%%%%%%%%%%%%%%%%%%%%%%%%%%%%%%%%

figure(5);title('AVG WAVEFORM');

subplot(3,1,3);plot(AVG_PROPOSED);title('PROPOSED   sin^2(X)  +  Cos^2(X)=1 WAVE');

subplot(3,1,1);plot(AVG_ORIGNAL);title('ORIGNAL    sin^2(X)   +    Cos^2(X)=1 WAVE');

subplot(3,1,2);plot(AVG_TAYLOR);title('TAYLOR sin^2(X) + Cos^2(X)=1 WAVE');


figure(6);title('ERROR IN AVG WAVEFORM');

subplot(2,1,1);plot(error5);title('ERROR sin^2(X) + Cos^2(X)=1 PROPOED');

subplot(2,1,2);plot(error6);title('ERROR sin^2(X) + Cos^2(X)=1 TAYLOR');

%%%%%%%%%%%%%%%%%%%%%%%%%%%%%%%%%%%%%%%%%%%%%
%%%%%%%%%%%%%%%%%%%%%%%%%%%%%%%%%%%%%

% imwrite(figure(1),'SINE WAVEFORM.png');

% imwrite(figure(2),'SINE ERROR WAVEFORM.png');

% imwrite(figure(3),'COSINE WAVEFORM.png');

% imwrite(figure(4),'COSINE ERROR WAVEFORM.png');

% imwrite(figure(5),'AVG WAVEFORM.png');

% imwrite(figure(6),'AVG ERROR WAVEFORM.png');

end
```

Apêndice 2: Código proposto

```matlab
function [sine cosine]=cordic_Processor(P)
tic
%%%%%%%%%%%%%%%%%%%%%%%%%%%%%%%%%%%%%%%%%%%%%%%%%%%%%%%%%%%%     THETA     GENERATION
  if(P<=45)
    A=P;
    B=0;
  end
  if(P>45 && P<=90)
    A=91;
    B=P;
  end
  if(P>90 && P<=135)
    A=P;
    B=89;
  end
  if(P>135 && P<=180)
    A=181;
    B=P;
  end
  if(P>180 && P<=225)
    A=P;
    B=179;
  end
  if(P>225 && P<=270)
    A=271;
    B=P;
  end
```

```matlab
if(P>270 && P<=315)
    A=P;
    B=269;
end
if(P>315 && P<=360)
    A=361;
    B=P
end


X=A-B;% THETA GENERATER
if(X<=12)
    K=0;
else
    K=4;
end


%%%%%%%%%%%%%%%%%%%%%%%%%%%  VALUE      CALCULATION
%%%%%%%%%%%%%%%%%%%%%%%%%%%%
P1=(X/64);
P2=((90+K)+(45-X))/128;
if(P2>1)
    P2=1;
end
%%%%%%%%%%%%%%%%%%%%%%%%%%%%  PROPSED   SINE  &  COSINE
%%%%%%%%%%%%%%%%%%%%%%%%%%%


if(P<=45)
    sine=P1;
    cosine=P2;
end
```

```matlab
  if(P>45 && P<=90)
     sine=P2;
     cosine=P1;
  end
  if(P>90 && P<=135)
     sine=P2;
     cosine=-1*P1;
  end
  if(P>135 && P<=180)
     sine=P1;
     cosine=-1*P2;
  end
  if(P>180 && P<=225)
     sine=-1*P1;
     cosine=-1*P2;
  end
  if(P>225 && P<=270)
     sine=-1*P2;
     cosine=-1*P1;
  end
  if(P>270 && P<=315)
     sine=-1*P2;
     cosine=P1;
  end
  if(P>315 && P<=360)
     sine=-1*P1;
     cosine=P2;
  end
toc
```

end

Apêndice 3: Proposta de DCT:

```
function z= mydct2(Im)
% dcmtx= dctmtx(8)
% Actual 8x8 DCT value
% dcmtx=[0.3536   0.3536   0.3536   0.3536   0.3536   0.3536   0.3536   0.3536
%        0.4904   0.4157   0.2778   0.0975  -0.0975  -0.2778  -0.4157  -0.4904
%        0.4619   0.1913  -0.1913  -0.4619  -0.4619  -0.1913   0.1913   0.4619
%        0.4157  -0.0975  -0.4904  -0.2778   0.2778   0.4904   0.0975  -0.4157
%        0.3536  -0.3536  -0.3536   0.3536   0.3536  -0.3536  -0.3536   0.3536
%        0.2778  -0.4904   0.0975   0.4157  -0.4157  -0.0975   0.4904  -0.2778
%        0.1913  -0.4619   0.4619  -0.1913  -0.1913   0.4619  -0.4619   0.1913
%        0.0975  -0.2778   0.4157  -0.4904   0.4904  -0.4157   0.2778  -0.0975];


%% PROPOSED CORDIC COEFFICIENTS VALUES:

dcmtx=[0.3392   0.3392   0.3392   0.3392   0.3392   0.3392   0.3392   0.3392
       0.4745   0.3995   0.2677   0.0962  -0.1030  -0.2675  -0.3994  -0.4744
       0.4455   0.1880  -0.1878  -0.4453  -0.4619  -0.1878   0.1880   0.4455
       0.3995  -0.1030  -0.4744  -0.2675   0.2677   0.4750   0.0969  -0.4157
       0.3536  -0.3536  -0.3536   0.3536   0.3536  -0.3536  -0.3536   0.3536
       0.2778  -0.4904   0.0975   0.4157  -0.4157  -0.0975   0.4904  -0.2778
       0.1913  -0.4619   0.4619  -0.1913  -0.1913   0.4619  -0.4619   0.1913
       0.0975  -0.2778   0.4157  -0.4904   0.4904  -0.4157   0.2778  -0.0975];


z= zeros(8,8);
z1= zeros(8,8);
z2= zeros(8,8);
z3= zeros(8,8);
```

```matlab
%%%%%%%%%%%%%%%%%%%%%%%%%Accurate%%%%%%%%%%%%%%%
%%%%%%%%%%%
for k=1:8
   for i=1:8
     for j=1:8
       z1(k,i)= z1(k,i) + dcmtx(k,j)*double(Im(j,i));
%          z1(k,i)=  dcmtx(k,j)*Im(j,i);
     end
   end
end
%%%%%%%%%%%%%%%%%%%%%%%%Approximate%%%%%%%%%%%%
%%%%%%%%%%%%%
%  for k=1:5
%     for i=1:8
%        for j=1:8
%           z2(k,i)= z2(k,i) + dcmtx(k,j)*double(Im(j,i));
% %            z1(k,i)=  dcmtx(k,j)*Im(j,i);
%        end
%     end
%  end
% Im
% z2
%
%  z1
% z1=dctmtx(8)*Im
dcmtx= dcmtx';
%%%%%%%%%%%%%%%%%%%%%%%%%Accurate%%%%%%%%%%%%%%%
%%%%%%%%%%
flag=1;
for k=1:8
   for i=1:8
     %flag=0;
     for j=1:8
       z(k,i)= z(k,i) + z1(k,j)*dcmtx(j,i);
```

```matlab
%  z(k,i)= z1(k,j)*dcmtx(j,i);
    end
  end
end


%%%%%%%%%%%%%%%%%%%%%%%%%Approximate%%%%%%%%%%%%
%%%%%%%%%%%%
% flag=1;
% for k=1:5
%    for i=1:(7-k-flag)
%       flag=0;
%       for j=1:8
%          % z(k,i)= z(k,i) + z1(k,j)*dcmtx(j,i);
%          z3(k,i)= z3(k,i) + z2(k,j)*dcmtx(j,i);
%          %  z(k,i)= z1(k,j)*dcmtx(j,i);
%       end
%    end
% end
%
%
% z3;


function z = QualityDCT(Im,ext)
[nrow ncol temp]=size(Im)
z=zeros(nrow,ncol);
 %DCT(:,:)=dct2(Im(:,:))
 % 2D DCT calculation
 %DCT(:,:)= qdct2(Im(:,:));
 DCT(:,:)= mydct2(Im(:,:));
 zigzagdata(1,:)=zigzag(DCT(:,:));
 data=zeros(1,64);
 for z=1:ext
```

```matlab
    data(:,z)=zigzagdata(1,z);   % Bit optimization
  end
  data
  izigzagdata(:,:)=izigzag(data(:,:),nrow,ncol); % data construction
  %z=uint8(idct2(izigzagdata(:,:)))
  % inverse 2D DCT calculation
 % z=uint8(idct2(DCT(:,:)))
  z=uint8(qidct2(izigzagdata(:,:)));
end



% f=imread('barbara.png');
f=imread('boat.png');
tic;
[row col]=size(f);
temp=1;
ext=64;

for i=1:row/8
   for j=1:col/8
   f_image([1:8],[1:8])=f(((i-1)*8+[1:8]),((j-1)*8+[1:8])); % Dividing the Image in 8x8
chunks
   izigzagdata=QualityDCT(f_image,ext); % Processing the IMAGE according to bits
   out(((i-1)*8+[1:8]),((j-1)*8+[1:8]))=izigzagdata; %uint8(idct2(izigzagdata(:,:))); %
image res
   end
end
% imwrite(uint8(out),'ORIGINAL_boat.png');
imwrite(uint8(out),'ORIGINAL_boat_PROPOSED.png');
imshow(uint8(out));
% imwrite(uint8(out),'ORIGINAL_barbara.png');

toc;
```

Referências

Referências

1. J. E. Volder, A Técnica de Computação Trigonométrica CORDIC, IRE Trans. Elec-tronic Computing, Vol. EC-8, setembro de 1959, pp. 330-334.

2. J. S. Walther, A unified algorithm for elementary functions, Spring Joint ComputerConf., 1971, Proc., pp. 379-385.

3. S. F. Hsiao, Y. H. Hu e T. B. Juang, A Memory Efficient and High SpeedSine/Cosine Generator Based on Parallel CORDIC Rotations, IEEE Signal Pro-cessing Letters, Vol. 11, No.2, Feb-2004, pp. 152-155

4. N. Takagi, T. Asada e S. Yajima, Redundant CORDIC methods with a constantscale fator for sine and cosine computation, IEEE Trans. Computers, vol. 40, pp.989995, Set. 1991.

5. K. Maharatna e S. Banerjee, A VLSI array architecture for hough transform, Pattern Recognit, vol. 34, pp. 15031512, 2001.

6. K. Maharatna, A. S. Dhar e S. Banerjee, Uma arquitetura de matriz VLSI para a realização de DFT, DHT, DCT e DST, Signal Process, vol. 81, pp. 18131822, 2001.

7. Y. H. Hu e H. M. Chern, Implementação da estrutura de matriz VLSI CORDIC de solucionadores de sistemas de eigens de Toeplitz, em Proc. IEEE Int. Conf. Acoust. Speech, Signal Processing, NM, 1990, pp. 15751578.

8. Pramod K. Meher, Javier Walls, Tso-Bing Juang, K. Sridharan, Koushik Ma-haratna, 50 Years of CORDIC : Algorithms, Architectures and Applications, IEEE Transactions on Circuits and Systems I: Regular Papers, Vol. 56, No. 9, Sept.2009, pp. 1893- 1907.

9. C. S. Wu e A. Y. Wu, Modified vetor rotational CORDIC (MVR-CORDIC) algorithm and architecture, IEEE Trans. Circuits Syst. II, vol. 48, pp. 548561, junho de 2001

10. Cheng-Shing Wu, An-Yeu Wu e Chih-Hsiu Lin, A High- Performance/Low-Latency Vetor Rotational CORDIC Architecture Based on Extended Elementary Angle Set and Trellis-Based Searching Schemes, IEEE Transcations on Circuits and SystemsII : Analog and Digital Signal Processing, Vol. 50, pg. 589601, No. 9,Sept. 2003.

11. Y. H. Hu e S. Naganathan, Um método de recodificação angular para a implementação do algoritmo CORDIC, IEEE Trans. Computers, vol. 42, pp. 99-102, Jan. 1993.

12. K. Maharatna, S. Banerjee, E. Grass, M. Krstic e A. Troya, Algoritmo e arquitetura do rotador CORDIC adaptativo virtualmente sem escala modificado, IEEE Trans. Circuits Syst. Video Technol., vol. 11, n.º 11, pp. 14631474, Nov. 2005.

13. K. Maharatna, A. Troya, S. Banerjee e E. Grass, Virtually scaling free adaptive CORDIC rotator, IEE Proc.-Comp. Dig. Tech., vol. 151, n.º 6, pp. 448456, Nov.2004.

14. Leena Vachhani, K. Sridharan e Pramod K. Meher, Efficient CORDIC Algo-rithms and Architectures for Low Area and High Throughput Implementation, IEEE Transactions on Circuit and SystemsII: Express Briefs, Vol. 56, No. 1, pg.61-65, janeiro de 2009.

15. F.J. Jaime, M. A. Sanchez, J. Hormigo, J. Villalba e E. L. Zapata, "Enhanced scaling-free CORDIC", IEEE Trans. Circuits and Systems I: Regular Papers, Vol.57 No.7, pp. 1654-1662. julho de 2010.

16. Aggarwal, S.; Meher, P.K.; Khare, K., "Area-Time Efficient Scaling-Free CORDIC Using Generalized Micro-Rotation Selection," Very Large Scale Integration (VLSI)Systems, IEEE Transactions on , vol.20, no.8, pp.1542,1546, Aug. 2012 doi:10.1109/TVLSI.2011.2158459

17. Causo, M.; Ting An; Alves de Barros Naviner, L., "Parallel scaling-free and area-time efficient CORDIC algorithm," Electronics, Circuits and Systems (ICECS),2012 19th IEEE International Conference on , vol., no., pp.149,152, 9-12 Dec.2012 doi: 10.1109/ICECS.2012.6463778

18. Aggarwal, S.; Khare, K., "Hardware Efficient Architecture for Generating Sine/Cosine Waves," *VLSI Design (VLSID), 2012 25th International Conference on* , vol.,no.,pp.57,61,7-11Jan.2012

19. Aggarwal, S.; Meher, P.K.; Khare, K., "Scale-Free Hyperbolic CORDIC Processor and Its Application to Waveform Generation," *Circuits and Systems I: Regular Papers, IEEE Transactions on* , vol.60, no.2, pp.314,326,Feb.2013

20. Pravin Yadav " Watermark Implementation & Application" Akriti 2011, Rajnanadgaon.

21. Pravin Yadav " Electronic Wairelss Technology Beyond 3G" Aicon 2011, Durg C.G..

22. Pravin Yadav " Network Security" Aicon 2011, Durg, C.G.

23. Pravin Yadav " Network Security using Biometric Applications" Akriti 2011, Rajnanadgaon.

24. Pravin Yadav " Fuzzy system for control applications" Seminário nacional patrocinado pela AICTE sobre as tendências actuais da matemática aplicada para a aplicação da lógica difusa, 2010, Durg.

Printed by Books on Demand GmbH, Norderstedt / Germany